Resumão
EXATAS - 15

QUÍMICA ORGÂNICA
• REAÇÕES •

AF214332

CARACTERÍSTICAS

Mecanismo: descreve a reação total usando uma série de etapas simples.

Estequiometria: calcula as massas dos reagentes e dos produtos usando a equação balanceada e as massas molares.

Cinética: estudo da velocidade das reações químicas e seus mecanismos.

Rendimento teórico: massa do produto obtida por uma reação completa:
- **% do rendimento** = 100% x (massa do produto) ÷ (rendimento teórico).

Equilíbrio: a reação não chega ao fim, entretanto alcança um estado de equilíbrio.

Principais tipos de reação
- Ácido.
- Base.
- Oxirredução.
- Condensação.
- Substituição (SN1, SN2).
- Reação iônica.
- Eliminação (E1, E2).
- Ciclização.
- Hidrólise.
- Adição.
- Reação radical.

Reações importantes
- **Diels Alder:** forma alceno cíclico.
- **Friedel-Crafts:** acrescenta o grupo acil ou aquil.
- **Grignard:** acrescenta o grupo alquil ou aril.
- **Wolf-Kirschner, Clemmenson:** reduz cetona a alcano.
- **Wittig:** converte aldeído/cetona em alceno.

Cinética e mecanismo da reação

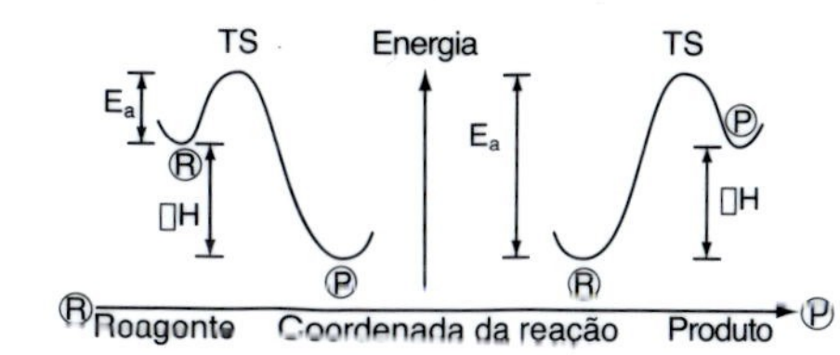

Estado de transição (ET): altura máxima na curva da coordenada da reação: o intermediário menos estável.

Energia de ativação (E_a): energia do estado de transição relativo ao reagente. A mudança na entalpia (ΔH) é < 0 para reação **exotérmica**, > 0 para reação **endotérmica**.

Postulado de Hammond-Leffler: o estado de transição é mais parecido ao reagente ou produto que for mais próximo em energia; o ET *endotérmico* é como o produto, o ET *exotérmico* é como o reagente.

Cinética *versus* controle termodinâmico: ΔG e ΔH descrevem a estabilidade termodinâmica.
- Se o ΔG for alto e negativo (**exergônico**), a formação do produto é provavelmente controlada pela "termodinâmica". K_{eq} alto corresponde a grande quantidade de produto, relativo ao reagente.
- Uma E_a alta pode suscitar um controle "cinético"; a energia do ET controla a reação, em vez da termodinâmica do produto-reagente.

Efeitos do solvente: um solvente pode estabilizar um intermediário, diminuindo a E_a e aumentando a velocidade da reação. Complexos carregados são estabilizados por solventes polares.

ÁCIDOS E BASES ORGÂNICAS

Ácido
- Receptor de pares de elétron (ácido de Lewis).
- Doador de próton (ácido de Bronsted-Lowry). *Exemplo:* ácido carboxílico.

Base
- Doadora de pares de elétron (base de Lewis).
- Receptora de próton (base de Bronsted-Lowry). *Exemplo:* amina.

Fatores que aumentam a força do ácido (HA)
- Ligação H-A mais fraca.
- Maior eletronegatividade do "A".
- Efeito indutivo do substituto em "A" (a retirada de elétron potencializa a transferência).
- Caráter mais "s" no orbital híbrido (orbital-s é menor em energia do que o orbital-p).
- Base conjugada (A^-) estabilizada por ressonância.

Fatores que aumentam a força da base
- O contrário das afirmações relativas à força do ácido.
  Uma base é um nucleófilo; os efeitos eletrônicos que transferem a densidade eletrônica para o átomo com o par isolado aumentam a força da base.

Alcano -C-C-

Propriedades
- Hidrocarbono.
- Forças intermoleculares baixas.
- Não cíclico: fórmula geral C_nH_{2n+2}
- Tetraédrico C-C-C (109°)

Nomenclatura
- Acrescenta-se "-ano" ao prefixo.
- Localiza-se o substituto pelo número da posição do carbono na cadeia.
- Haloalcano: apresenta halogênio como substituto para o –H.

Cicloalcano (C_nH_{2n})
- Bicíclico – dois anéis ligados em ponte.
- n = 3: ciclopropano: (altamente tensionado).
- n = 4: ciclobutano: (um pouco flexível).
- n = 5: ciclopentano: (levemente tensionado).
- n = 6: cicloexano: em forma de *cadeira* – conformidade estável; em forma de *barco* – menos estável; posição *axial*: "perpendicular" ao anel; posição *equatorial*: em anel "plano" (veja H_a e H_e no diagrama em forma de cadeira a seguir).
- Cis – dois substituintes na posição *superior*.
- Trans – *um* na posição superior e *um* na posição inferior.

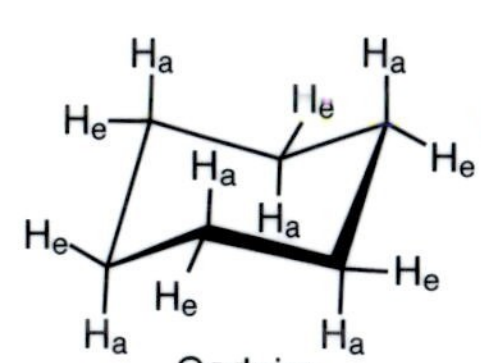

Cadeira

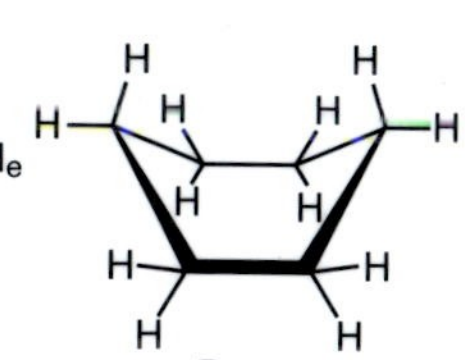

Barco

Síntese
- Hidrogenação de alceno ou alcino (H_2, catalisador Pt).
- Reação de radical livre de alceno.
- Redução de haloalcano (Zn, H^+).
- Alquilação de Friedel-Crafts.

Reação
- Combustão: alcano + O_2 => CO_2 + H_2O.
- Halogenação para obter haloalcano (Cl_2/Br_2, luz ou calor).

Alceno >C=C<

Propriedades
Similar ao alcano; não polar, inflamável.

Nomenclatura
- Acrescenta-se "-eno" ao prefixo; usa-se número para indicar a posição C=C.
- C-C–C-C-C=C **isolado**; C=C=C- **acumulado**.
- Ácidos graxos poli-insaturados: dois ou mais C=C.
- Alênico: C=C=C adjacente.
- Grupo vinil: H_2C=CH-
- Grupo metileno: H_2C=
- Grupo alil: H_2C=CH-CH_2
- Vinil haleto: haleto substitui –H em >C=C<
- Conjugado: alterna entre C-C e C=C (ressonância).
- Alcadieno, dois conjugados C=C; *exemplo*: butadieno; s-cis e s-trans (faz rotação sobre a ligação C-C).
- Alcatrieno, três conjugados C=C.
- Anuleno: composto monocíclico conjugado; *exemplo*: [6] anuleno = benzeno.
- Íons cíclicos aromáticos: ânion ciclopentadieno, cátion ciclo-heptatrieno (seis elétrons).
  Isômeros: não apresentam rotação livre de C=C.

Buteno *(Z)*-2 Buteno *cis*-2 — Buteno *(E)*-2 buteno *trans*-2

- E/Z; grupos priorizados pelo peso atômico (Z – grupos de maior prioridade no mesmo lado).
- Para não-cíclicos: cis é menos estável, devido à tensão causada pela compressão de dois grupos alquila do mesmo lado da ligação dupla (impedimento estérico). Para cíclico, cis é mais estável.
- **Lei de Hofmann:** forma o último alceno substituído.
- **Adição de Markovnikov:** H acrescenta-se ao C com a maioria –H´s.
- **Eliminação pela Regra de Zaitsev:** forma alceno com mais substituição.

Síntese
- Desidratação de álcoois (H^+, calor) (eliminação).
- Desidro-alogenação de haloalcano (base, calor).
- Desalogenação de vic-dialetos (Z_n, ácido acético).
- Hidrogenação de alcino:
  - sin, isômero-cis/Z (H_2,P-2 catalisador);
  - anti, isômero-trans/E (Li, NH_3, 78ºC).
- Wittig, aldeído/cetona + ilídeos de fósforo.

Reação
- Combustão (O_2).
- Hidratação para obter álcool 2°/3° (H^+, H_2O); e álcool 1º com base no eteno; pode recombinar (Markovnikov).
- Hidratação a álcool, hidroboratação/oxidação (THF/B_2H_6, H_2O_2/OH^-) (sin, anti-Markovnikov).
- Oximercurização-demercurização a álcool.
- Hidro-halogenação (HX) (Markovnikov).
- Halogenação (Br_2/Cl_2), vic-di-haloalcano (X_2, CCl_4; anti).
- Halo-hidrinagenação (X_2, H_2O; antiadição).
- Hidroxilação para formar diol-1,2 ($KMnO_4$, OH^- frio; adição sin).
- Oxidação para obtenção de ácido carboxílico ($KMnO_4$, OH^-, calor).
- Ozonólise a cetona (O_3; Zn, H_2O).
- Hidrogenação a alcano (Pt, H_2; adição-sin).
- Polimerização do radical livre.
- Reação alcadieno:
  - Halogenação de alilic (Cl_2, calor).
  - Diels-Alder: cicloalceno de dieno + alceno/alcino.

Benzeno/Areno

Propriedades

Insolúvel em água, miscível com solventes orgânicos não polares.

Nomenclatura

- **Aromático (ou areno):** demonstra o substituinte pelo nome do grupo e pela posição no anel; orto (1,2), meta (1,3) e para (1,4). *Exemplos*: benzeno C_6H_6; fenol, Ar-OH (ácido carboxílico, hidroxibenzeno, benzenol); anilina Ar-NH_2; tolueno, Ar-Me (metilbenzeno); xileno, dimetilbenzeno.

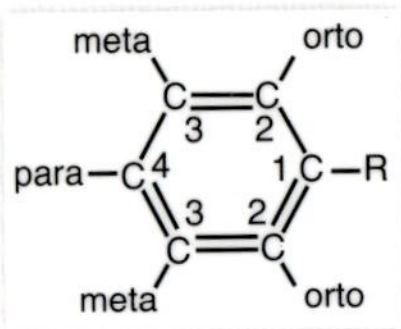

- **Anéis ligados:** naftaleno, $C_{10}H_8$ (compartilham dois anéis).
- **Grupo aril ou fenil:** Ar- (remove H do benzeno).
- **Halido aril:** halogênio substitui um átomo H; Ar-X.
- **Benzeno alcenil:** Ar-C=C<
- **Benzil:** Ar-CH_2.

Síntese: ciclo-hexano desidrogenado (enxofre+calor).

Reação geral

- Combustão (similar ao alcano).
- Redução de Birch => ciclo-hexadieno 1,4 (Na, NH_3, EtOH).
- Hidrogenação para obter ciclo-hexano (H_2, Pt).

Substituição eletrófila

- Alquilação: Ar-R (*Friedels-Craft*, RCl, $AlCl_3$).
- Nitração: Ar-NO_2 (HNO_3, H_2SO_4).
- Halogenação: Ar-Br (Br_2, $FeBr_3$).
  - Ar-Cl (Cl_2, $FeCl_3$) ? Ar-I (I_2, HNO_3).
- Acilação: Ar-CR=O (RCOCl, $AlCl_3$).
- Sulfonação: Ar-SO_3H (SO_3, H_2SO_4).

Reatividade do benzeno substituinte

- Um substituinte altera a estrutura eletrônica do anel.
- **Grupo de ativação:** mais reativo do que o benzeno; acrescenta elétrons ao anel, estabiliza o cátion arenium.
- **Grupo de desativação:** menos reativo; expulsa elétrons do anel, desestabiliza o cátion arenium.
- **Orto/paradirigentes:**
  - O substituinte tende a ativar o anel (exceto o –X); a densidade eletrônica doada ao anel cria um centro "-" nas posições o/p, isômeros o/p são preferidos. *Exemplos*: $-NR_2$, -OH, -R, -OR, -X (halogênio).
- **Metadirigente:**
  - O substituinte tende a desativar o anel; a densidade eletrônica retirada do anel cria um centro "+" na posição o/p, prefere-se a posição m (meta) na reação. *Exemplos*: $-NO_2$, -CN, -COOH,-SO_3H, -COOR, -CHO, -CRO.

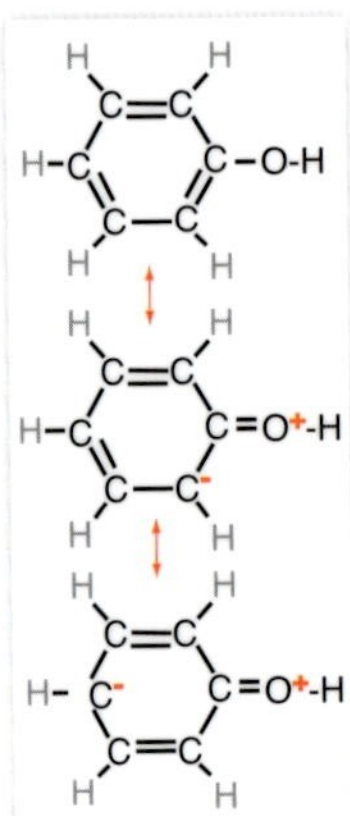

dirigente o/p

Reatividade do benzeno dissubstituinte

- Os efeitos dirigentes podem ser cooperativos; por exemplo, "o/p" mais "m" nas posições 1,4.
- Ou então: considerando-se os efeitos estéricos; o grupo de ativação tende a dominar o grupo de desativação.

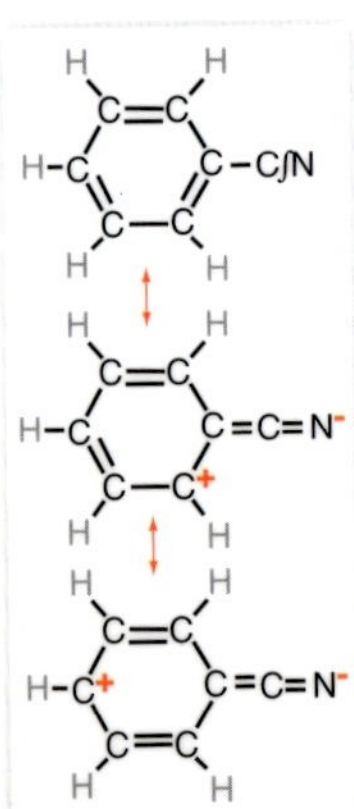

dirigente meta

Reação do benzeno substituinte alquil

- Tolueno a ácido benzoico: ($KMnO_4$, OH^-, calor, H^+).
- Metacloro tolueno – Me de tolueno (Cl_2).

Álcool R-OH

Propriedades

- Peso molecular baixo solúvel em água.
- Ligação H, polar.
- Próton acídico RO-H.
- ArO^- ou RO^- estabilizados por ressonância.

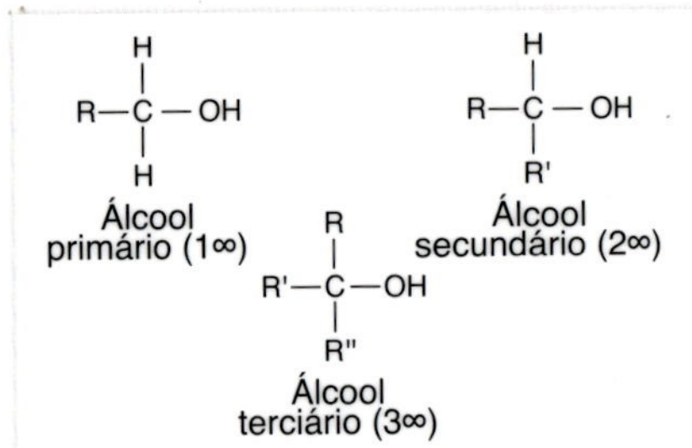

Nomenclatura

- Prefixo + "anol".
  Exemplo: metanol Me-OH (ou álcool metil).
- **Ciano-hidrina:** -OH e –CN.
- Halo-hidrina: -OH ou halógeno.
- Diol ou glicol (dois –OH); **gem-diol**: 1,1 diol; **vic-diol**: 1,2 diol.

Síntese

- Hidratação de alceno (H_2O, H+).
- Hidroboração/oxidação de alceno (THF:BH_3; H_2O_2, OH^-).
- Hidrogenação de aldeído (H_2/Ni ou Pt catalisador).
- Hidrólise de alcil halide 1º (água, OH^-).
- Redução de aldeído, éster, cetona ou ácido carboxílico.
- Etanol: fermentação de açúcar ou amido.
- Metanol: CO +H_2, catalisador; pirólise celulose.
- Hidrólise de éster (água, ácido).
- Desidratação de éter (H_2SO_4, pouco calor).
- Grignard (RMgX): formaldeído => álcool 1°; aldeído => álcool 2°; cetona => álcool 3°.
- Síntese de Glicol com base na cetona/aldeído: (HIO_4 ou $Pb(OAc)_4$; H_2SO_4 + calor).
  - Oxidação de alceno ($KMnO_4$:cis) (H_2O_2, ácido fórmico: trans).
  - Hidrólise de epóxido (H_2O, H_2SO_4).

Reação

- Oxidação de álcool 1° para obter aldeído (CuO, calor) ou álcool 2° para obter cetona ($KMnO_4$, H^+).
- Desidratação para obter alceno; regra de Zaitsev; formam-se em maior quantidade. Compostos provenientes da eliminação de hidrogênio de carbono, nesta ordem: 3°>2°>1° (H_2SO_4 ou Al_2O_3, na presença de calor).
- Desidratação para obter éter (H_2SO_4, temperatura menor).
- Oxidação para obter cetona (álcool 2°) (H_2CrO_2).
- Formação de haloalcano (HX; substituição).

Álcool Aromático Ar-OH

Propriedades

- O mais comum é o fenol, Ar-OH.
- Hidrogeno acídico, ArO-H, pK_a= 9,9.
- Anel substituinte altera a acidez.
- Benzendiol, HO-Ar-OH; para, hidroquinona; orto, catechol; meta, resorcinol.

Reação do Fenol

- Substituição eletrófila: o-p dirigente.
- Hidrogenação para obter cicloexano (H_2, catalisador).
- Formação de éster (ácido anidrido ou ácido cloreto).

Síntese do Fenol

- Substituição aromática eletrófila.
- Reação de Williamson, éter fenil (NaOH, RCH_2X).
- Arenediazonium, sal intermediário: Ar-NH_2 + HONO => Ar-N_2^+ + Cu_2O, H_2O => Ar-OH.
- Benzeno + propeno => cumeno; oxidação/ácido => fenol + acetona.
- Halide aril (Ar-X) + NaOH, calor e ácido.
- Ar-OR + HI/HBr, calor.

Alcino -C≡C-

Propriedades

- Hidrocarboneto, pelo menos uma tripla ligação C ≡ C.
- Propriedades similares às do alcano e alceno.
- Linear R'-C ≡ C-R'.

Nomenclatura

- Acrescenta-se "-ino" ao prefixo.
- O número demonstra a posição da tripla ligação. *Exemplo*: etino (ou acetileno) C_2H_2.

Síntese

- $CaC_2 + H_2O$ => $Ca(OH)_2 + C_2H_2$.
- Desidralogenação vic-haloalceno ($NaNH_2$, liq NH_3).
- Alquilato terminal alcino ($NaNH_2$, liq NH_3; R-X).

Reação

- Adição: hidrogenação para obter alcano (H_2, Pt ou Ni).
  - Sin para cis/Z alceno (H_2/Ni_2B P-2 catalisador).
  - Anti para trans/E alceno (Li, Liq NH_3).
  - Haloalceno para gem-dihalide (HX) (Markovnikov).
  - Halogeneto para haloalceno ou haloalcano (X_2).
- Ozonólise para obter ácido carboxílico (O_3, H_2O).
- Oxidação para obter ácido carboxílico ($KMnO_4$, OH^-; H^+).

Haloalcano/Alceno/Areno R-X

Nomenclatura

- Halógeno (X = flúor, cloro, bromo ou iodo) substitui o –H no grupo de hidrocarbono.
- Indica o halogeno no nome.
  Exemplo: clorometano: Cl-Me; clorobenzeno Ar-Cl.

Síntese:

álcool (ROH) + HX.

Reação

- Desidro-halogenação para obter alceno (sempre há recombinação).
- Hidrólise de haleto de alquila 1° para obter álcool (RX + OH^-).

Halo-hidrina X-R-R'-OH

Síntese

Alceno + X_2, H_2O.

Reação

- Halo-hidrina + ROH => hidroxiéter β.
- Halo-hidrina + RNH_2 => hidroxiamina β.
- Halo-hidrina + RSH => hidroxissulfônico β.

Éter R'''-O-H-R'

Propriedades

- Polar, ligação de hidrogênio.
- O par isolado de oxigênio é um nucleófilo.
- Líquido inflamável.

Nomenclatura

- R''-O-R', "R R'éter" ou "alcóxi alcano".
  Exemplo: éter dietil, solvente comum: Et-O-Et.
- Grupo **alcóxi**, -OR (O-Me, metóxi; O-Et, etóxi).
- Ox-: substitui um –O- por um –CH_2-
- Éter cíclico: tetra-hidrofuran (THF).
- **Epóxido ou oxigênio oxirano:** anel de três membros.
- **Dioxano:** éter duplo cíclico.
- **Peróxido:** R-O-O-R'; -O-O- ligação simples.

Síntese

- Síntese de Williamson (R'I + NaOR).
- Desidratação de álcool 1° (H_2SO_4, calor).
- Epoxidação: alceno + ácido peróxido.
- Halo-hidrina + ROH => hidroxiéter.

Reação

- Hidrólise para obter álcool (H^+ ou OH^-).
- Auto-oxidação para obter peróxido (oxigênio no ar).

PERIGO DE EXPLOSÃO!

Reação epóxido
- Hidrólise de glicol 1,2 (ácido, H^+).
- Hidrólise para obter glicol 1,2 (base, OH^- ou OR^-).
- *Grignard* + epóxido => álcool 1°.

Aldeído e Cetona >C=O

Propriedades
- Polar $>C^+=O^-$; peso molecular baixo é solúvel em água.
- Principal diferença química: a cetona é mais difícil de oxidar do que o aldeído.

Nomenclatura do aldeído (RCHO)
- Prefixo + "anal".
  Exemplo: HCHO, metanal (formaldeído); MeCHO, etanal (cetoaldeído); Ar-CHO, benzaldeído.

Nomenclatura da cetona (RR'CO)
- Prefixo + "ona", também "R,R'cetona".
  Exemplo: 2-propanona (acetona ou dimetilcetona).
- Dicetona: 2 > grupos C=O.
- Grupo acila: RC=O ou Ar-C=O.
- Ceteno: C=C=O.
- Cetal: RR'C(OR)(OR).
- Acetal: RHC(OR)(OR).
- Hemiacetal; RHC(OH)(OR).
- Dicetona: R'-CO-CH2-CO-R.

Tautomerismo em cetoenol

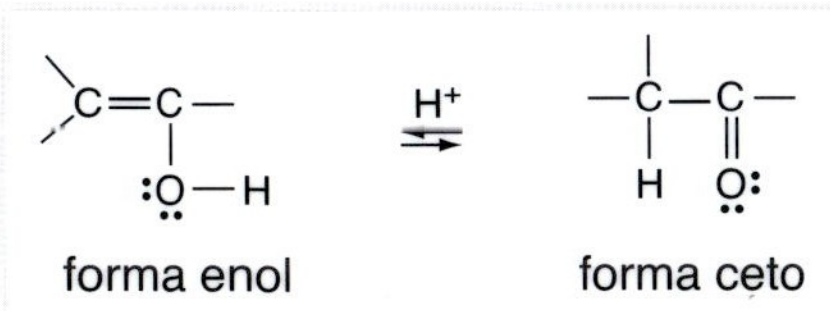

- Ataques nucleófilos >C=C< da forma enol.
- H-α acídico, -CH*-CHO pode formar carbânion estabilizado por ressonância.
- Racemização via cetoenol:
  cetona quiral => enol aquiral => cetona aquiral.

Síntese
- Oxidação de álcool:
  aldeído com base no 1° (Cu, calor);
  cetona com base no 2° (H_2CrO_4).
- *Grignard:* nitrilo (RCN) + R'MgX => RCR'O.
- Redução de RCO_2R'(-iBu_2AlH).
- Redução de RCN (i-Bu_2AlH).
- Ozonólise de alceno (O_3, H_2O_2).
- Acilação de *Friedel-Craft*: Ar-H + RCOCl ($AlCl_3$).

Reação geral
- *Wittig*, formação de alceno (ilídeos de fósforo).
- Formação de oxima (>C=N-OH) (amina hidroxil).
- Redução para obter álcool (metal hidrido, $LiAlH_4$).
- *Wolff-Kishner*: >C=O para $>CH_2$ (N_2H_4, base, calor).
- Redução de *Clemmenson*, >C=O para $>CH_2$ (Zn(Hg), HCl).
- Hidrogenação para obter ROH
  (H_2, metal, $NaBH_4$, H^+; $LiAlH_4$, H^+).
- Oxidação para obter RCOOH (peróxido).
- Formação de ciano-hidrina (HCN).
- Formação de imina (>C=N-R) (amina 1°).
- Condensação de *Aldol*,
  >CH=O + COOH => >C=C-CH=O.
- Ataque nucleófilo: RCHO + H-Nu => R-C(OH)-N].
- Formação de hemiacetal/cetal:
  ROH + R'_2C=O =>R'_2C(OH)(OR).
- Formação de acetal (R'OH, HCl).
- Aminação redutiva: aldeído ou cetona => amina (amina ou amônia, H_2, Rh).

Reação específica
- Acetaldeído a gem-diol (H_2O, H^+ ou OH^- catalisador).
- Síntese de acetaldeído (C_2H_2, Hg^{2+}, H^+, H_2O).
- Oxidação de aldeído para obter RCOOH: Ag_2O, OH^- ou Ag $(NH_3)_2{}^+$; reagente de *Tollen*, a cetona não é oxidada.
- Haloforma, metilcetona (X_2, OH^-).
- Halogeneto –H de cetona (X_2, H^+ ou OH^-).

Ácido Carboxílico

Propriedades
- Ácido orgânico, a ressonância estabiliza a dissociação.
- Solúvel em água; ligação de H, a força do ácido é dada pelo pK_a.

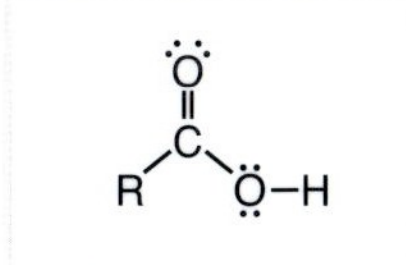

Nomenclatura
- Prefixo + "oico".
  Exemplos: HCOOH, **ácido metanoico** (ácido fórmico), Me-COOH, **ácido etanoico** (ácido acético), Ar-COOH, **ácido benzoico** (ácido benzeno carboxílico), **ácido oxálico** (ácido dicarboxílico, HOOC-COOH), **ácido malônico** (HOOC-CH_2-COOH).
- Ácido graxo, cadeia longa de hidrocarbono (alifático)"R".

Derivados
- Éster.
- Amida.
- Ácido anidrido: RCO-O-CO-R.
- Peroáxido R-CO_3H.
- Ácido de cloreto.
- Aminoácido.

Síntese
- Oxidação de álcool 1° ($K_2Cr_2O_7$, OH^-).
- Oxidação de aldeído (Ag_2O, H^+).
- Oxidação de alceno ($KMnO_4$, OH^-, calor, H^+).
- Ozonólise de alceno (O_3, H_2O_2).
- Hidrólise de nitrilo ou acil cloreto (H^+, H_2O).
- Ácido acidrido + água.
- *Grignard* e presença de gás carbônico (RMgX, + CO_2, H^+).
- Ácido benzoico: oxidação de alquilbenzeno 1°/2° ($KMnO_4$, OH^-, calor, H^+).
- Com base no metil cetona (Ar-CO-CH_3) (X_2, OH^-, H^+)

Reação
- Formação de acil cloreto ($SOCl_3$, PCl_3 ou PCl_5).
- Redução para obter álcool ($LiAlH_4$).
- Neutralização com base, formação de sal.
- Esterificação: (R'OH, H^+).
- Redução para obter cetona ($Ba(OH)_2$, calor).
- Descarboxilação de cetoácido para obter cetona (calor).
- Haloácido-α: (X_2, P, H_2O): HVZ (Hell, Volhard-Zelinski).
- Hidroxiácido-α com base no haloácido (OH^-; H^+).
- Aminoácido-α com base no haloácido (NH_3 ou amina).

Ácido carbônico e derivados
- Ácido carbônico: H_2CO_3 ou HO-CO-OH.
- Diclorocarbonil (fosgênio), Cl-CO-Cl; gás tóxico.
- Fosgênio + EtOH => dietilcarbonato, EtO-CO-OEt.
- Fosgênio + NH_3 => H_2N-CO-NH_2 (ureia).
- Fosgênio + ROH => RO-CO-Cl (cloroformato de alquila).
- RO-CO-Cl + RNH_2 => RO-CO-NHR (uretano, carbamatos).

Éster

Propriedades
- Deriva-se do ácido carboxílico; polar, ligação de H fraca; odor agradável ou frutal.

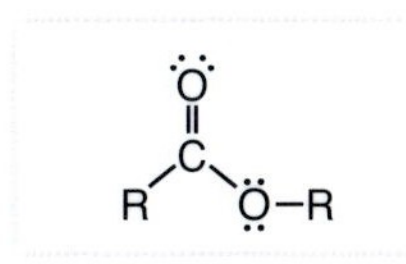

Nomenclatura
- Indica o componente "álcool" com o sufixo "-ila" e o ácido com o sufixo "-oato".
  Exemplos: Me-CO-OEt, acetato de etila (etanol + ácido acético).
- Lactone: éster cíclico.

Síntese
- Esterificação: ROH+R'COOH=>R'COOR (ácido).
- Ácido de cloreto (RCOCl) + R'OH.
- R-CN + R'OH (H^+).
- Ácido anidrido + álcool => éster + ácido carboxílico.
- Éster aromático: fenol + anidrido carboxílico.
- Éster ceto-β: condensação de Claisen de acetato etil (NaOEt, HCl).
- Transesterificação:
  R'COOR + R"OH => R'COOR" + ROH (H^+, calor).

Reação
- Hidrólise catalisadora de ácido.
- Saponificação: hidrólise catalisadora de base.
- Três ácidos graxos + etilenoglicol => triglicerídeo.
- *Grignard* para obter álcool 3° (R' MgX + R-COOR').
- Redução para obter álcool 1° (H2, Ni).
- Formação de amida (RCOOR + amina 1°/2°).
- Pirólise de alceno e ácido carboxílico.

Amina RR'R"N

Propriedades
- Amônia (H substituinte); polar, solúvel em água. >N-H forma ligações de H.
- **Base orgânica:** força indicada pelo pK_b.
- **Estrutura:** pirâmide distorcida (AX_3E).

Nomenclatura
- "Amina R1 R2 R3".
  Exemplo: Me-NH_2, amina metil.
  Ar- NH_2, fenilamina (anilina, aminobenzeno).

Tipos de amina

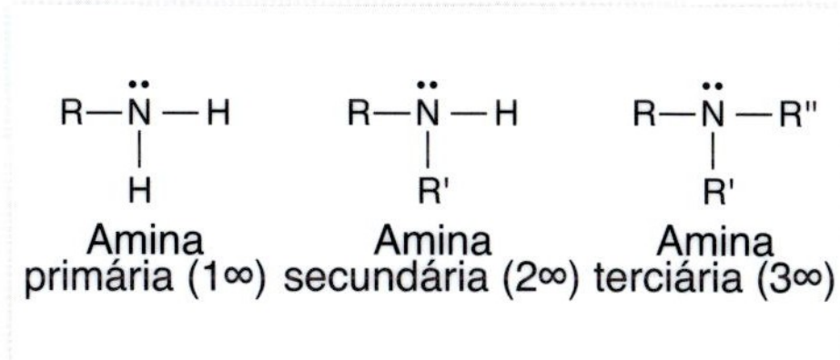

- Sal amônio quaternário (4°).
  NR'R'R"R cátion (sem par isolado).

Síntese
- **1°:** alquilação da amônia: $RCH_2X + NH_3$.
  - Redução de nitrilo, RCN ($LiAlH_2$) ou (H_2, Ni).
  - Redução de nitroalcano, RNO_2 ($LiAlH_4$).
  - Redução de oximas (Na, EtOH).
  - Com base no aldeído/cetona (NH_3, H+).
- **2°:** haloalcano + amina 1°.
  - aldeído/cetona + R'NH_2 (H^+).
- **3°:** haloalcano + amina 2°.
  - Redução de amida ($LiAlH_4$, H_2O).
  - Aldeído/cetona + R'R"NH (H^+).
- Amina aromática; Ar-NO_2 => Ar-NH_2.
  - (H_2, catalisador; Fe, HCl, OH^-).

Reação da amina
- Reage como uma base: amina + H^+ => R_3NH^+.
- Par isolado N nucleófilo.
- Amina + sulfonil cloreto => sulfonamida.
  - Formação de amida: 1° + R'COCl => R'CO-NHR.
  - 1° + CH_3COOOH = > R-NO_2.
  - Formação de amida: 2° + RCOCl
- **Eliminação de Cope:** oxida a amina 3° para obter óxido de amônio terciário (R_3N^+-O^-), o calor produz RCH=CH_2.
- Ar-NH_2: o-p dirigente, substituição aromática eletrófila.
- Ar-NH_2: substituição aromática nucleófila:
  Etapa 1:
  -Ar-NH_2 + ácido nitroso frio => Ar-$N_2{}^+$ (sal diazônio, instável).
  Etapa 2:
  -Depende da substituição:
  + Cu_2O, Cu^{2+}, H_2O = > Ar-OH
  + CuCl => Ar-Cl
  + CuCN => Ar-CN
  + H_3PO_2 => Ar-H.

Eliminação de Hofmann
- Hidróxido de amônio quaternário => alceno (calor).

Amida

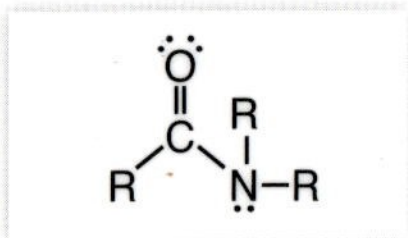

Nomenclatura

Exemplo: Me-CO-NH_2, acetamida.

- Amida cíclica (lactame): o N da amida forma um anel com o carbono β, γ ou δ:
  - β forma anel de quatro membros; γ forma anel de cinco membros e δ forma anel de seis membros.
  - Observado em aminoácidos.

Síntese

- Hidrólise de nitrilo (R-CN + H_2O, conc. H_2SO_4).
- Cloreto de acila + amina ou amônia 1°/2°.
- Pirólise de sal amônio + RCOOH.
- Amonólise de éster: amida 1° ou 2° + éster.
- Poliamida => polipetídeo => proteína.

Reação

- Redução para obter amina ($LiAlH_4$).
- Hidrólise para obter ácido (H_2O, H^+ ou OH^-).
- Desidratação para obter nitrilo, RCN (P_4O_{10}, calor).
- Reação de *Hofmann*: formação de amina 1° (NaOBr).
- *Grignard* (R^-MgX) para obter cetona, R-CO-R^-.
- Formação de aldeído e amina 2° ($LiAlH_2$ $(OEt)_2$).
- Substituição nucleófila; formação de R-CO-Nu + amina.

Aminoácido

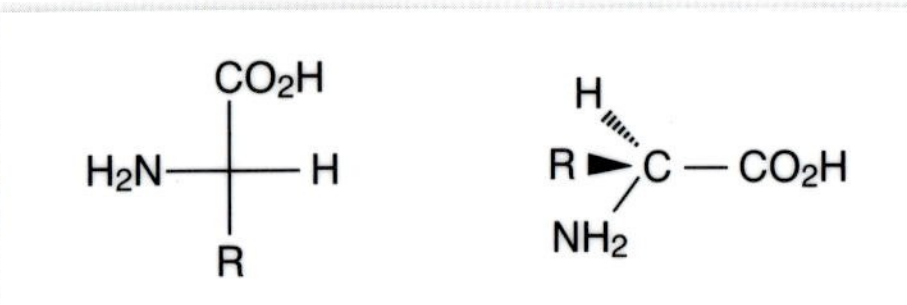

Propriedades

- Funciona como base (-NH_2) e ácido (-COOH).
- Isômeros quirais.
- **Zwitterion:** ionização própria de aminoácido para produzir COO^- e $-NH_3^+$
- Ponto isoelétrico, pH que produz cargas + e – iguais.

Nomenclatura

- Nome comum baseado no grupo "R".
  Exemplos: glicina (-H), alanina (-CH_3).

Sínteses

- Síntese de Gabriel: RCH_2COOH + BR_2, PCL_3, NH_3.

Reação

- Formação de lactame (amida cíclica).
- Formação de polipetídeo (ligação pepetídica); desidratação: *moieties* (ou resíduos) de R-NH_2 e HO=R'.
- Proteína, polímeros de aminoácido.

Outros compostos de nitrogênio R-C≡N

Nitrilo

Exemplo: H_3C-CN; nitrilo metano.

Síntese

- Haloalcano + NaCN.
- Aldeído/cetona => ciano-hidrina (CN^-, H^+).
- Desidratação de amida (P_4O_{10}, calor).

Reação

- Hidrólise para obter ácido carboxílico.
- Hidrólise para obter carboxilato (base, calor).
- Redução para obter amina 1° (Raney Ni; $LiAlH_4$).
- Formação de aldeído (DIBAL-H $(i\text{-}Bu)_2AlH$, H_2O).
- Formação de cetona (reagente de *Grignard* ou R-Li, H^+).

Imina: >C=N-R

Síntese: aldeído/cetona + amina 1° (H+).
Reação: intermediário em aminação de aldeído/cetona.

Imida: R-CO-NH-CO-R'.

Síntese

- Desidratação, amida + ácido carboxílico.

Oxima: >C=NOH

Síntese

- Aldeído/cetona + hidroxilamina.

Reação

- Oxima a amina 1° (Na, EtOH).

Polímero orgânico

-M-M-M-M-M-

Monômeros (M): ligação para formar um composto de peso molecular alto.

Fatores que influenciam as propriedades: cumprimento da cadeia, cadeia linear ou ramificada, natureza do monômero, densidade, ligações entre cadeias, interações hidrofóbicas e hidrófilas.

Exemplos:
- PE (polietileno).
- PS (poliestireno).
- PEAD (polietileno de alta densidade).
- PEBD (polietileno de baixa densidade).
- PET (polietileno tereftalato).

Síntese

- Síntese de radical livre: etileno => PE; estireno => PS (iniciação radical).
- Condensação:
  - HO-R-OH+HO-R'-OH => HO-R-R'-OH + $H_2$0.
    Exemplo: glicol etileno e ácido tereftálico => PET.

Reação

- Hidrólise de polímero (reverso da condensação).
- Cadeias ou segmentos de polímeros adjacentes de ligação cruzada.

Química do enxofre

Compostos do enxofre	
Tiol:	R-SH
Sulfeto ou tioéter:	R-S-R'
Dissulfeto:	R-S-S-R'
Tiol éster:	R-CO-SR'
Sulfóxido:	R-S-OR'
Sulfona:	R-SO_2-R'
Tiofenol:	Ar-SH
Tiocetona:	R-CS-R'
Ácido sulfônico:	R-SO_3-H
Ácido sulfínico:	R-SO_2H
Sulfato de hidrogênio:	R-OSO_3H

Tiofeno, composto heterocíclico do enxofre

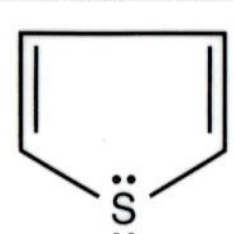

Síntese

- Tiol: com base no de brometo de alquila/iodeto (KOH, H_2S).
- Tiol: RCH_2X + NaSH => RCH_2SH (EtOH, calor).
- Tiol éster: cloreto de acila + tiol.
- Sulfato hidrogenado de alquila (alceno + conc. frio H_2SO_4).
- Tiol: alceno + H_2S (H_2SO_4, calor). (Adição de Markovnikov.)
- Tiol: alceno + H_2S (peróxido ou UV). (Antiadição de Markovnikov.)

Reação

- Formação de sulfato com base no tiol (NaOH, R'CH_2X).
- Formação de dissulfeto com base no tiol (I_2 ou H_2O_2).
- Oxidação de tiol para obter ácido sulfônico, RSO_3H, (NHO_3).
- Dessulfurização de tiol para obter alcano (H_2, Ni).
- Sulfonação de benzeno (SO_3, conc. H_2SO_4).

Ciclização: síntese de um composto cíclico

Síntese

- Diels-Alder: dieno + dienófilo + calor => aduto.

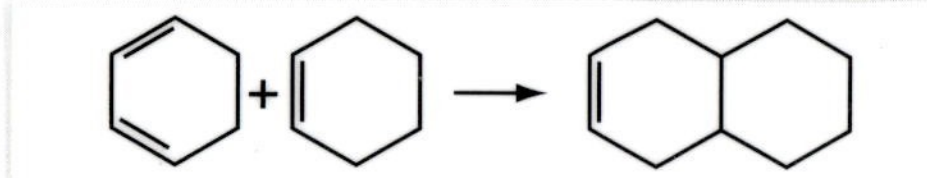

- Freund-Gustavson: anéis de três membros de di-haleto 1,3 (EtOH, Zn, calor).
- Cicloadição [2,2] de alcenos formando aduto ciclobutano (dois alcenos, reação fotoquímica).

Reação de composto cíclico

- Retro Diels-Alder: decompõe termicamente o cicloalceno.
- Redução de aromático para obter cicloalceno 1,4 simétrico (Li ou Na, EtOH, Liq NH_3) (Birch).
- Anel pequeno é tensionado, pode decompor-se em cadeia linear.
- Reação de abertura do anel de epóxido.

Reação do metal

Organometálico:

- Átomo de carbono ligado a um átomo de metal.
- Tipos de ligação:
  - ligação iônica, Na, K; R^- $-M^+$
  - covalente parcial, Mg, Li; caráter eletrófilo R.
  - covalente, Pb, Sn, Hg; R-M.

Reagente de *Grignard*

- Base forte confere caráter eletrófilo R:
  - Li + R-BR => R-Li.
  - RX = Mg => RMgX.
  - ArX + Mg => ArMgX.

Organoborano

- Hidreto de boro, B_nH_m.
  Exemplo: diborano, B_2H_6.

  Síntese
  - Hidroboração: alceno + hidreto de boro adição sin.

  Reação
  - Organoborano => álcool (H_2O_2/OH^-).
  - R-B< => R-H (ácido acético; adição de H).

Organolítio: R-Li.

Síntese
- Li + haloalcano (R-X ou Ar-X) (frio, Et_2,O).

Organomagnésio: RMgX ou ArMgX.

- *Grignard*: RX + Mg (Et_2O); R comporta-se como um R-.

Organocobre: R-Cu.

- Acrescenta R- a C=C do carbonil insaturado.

Organochumbo/mercúrio

- Composto estável, **VOLÁTIL E TÓXICO**.
- Chumbo tetraetil (agente antidetonante na gasolina).

BF&A
Barros, Fischer & Associados
Editor: Flávio Barros Pinto

QUÍMICA ORGÂNICA
• REAÇÕES •

1.ª EDIÇÃO 5.ª TIRAGEM – OUTUBRO 2014

Autor: Mark Jackson, PhD; **Tradução:** Cássia Maria Caramigo Girólamo; **Consultoria:** Regina Martins Rodrigues; **Arte:** Flávia Barros; **Revisão:** Paulo Roberto Pompêo.

Resumão – Química Orgânica – Reações (Série de *Ciências Exatas*, nº 15) é uma publicação da Barros, Fischer & Associados, sob licença de Spring Publishing Group, Inc., segundo contrato especial com BarCharts Inc. Copyright © 2014 BarCharts Inc., USA. Copyright © 2011 desta edição Barros, Fischer & Associados Ltda. Todos os direitos reservados. A série de resumos de **Ciências Exatas**, devido a seu formato condensado, contém os conceitos básicos das matérias de que trata.

Endereço: Rua Ulpiano, 86 Lapa, São Paulo, CEP 05050-020
Telefone/fax: 0 (xx) 11 3675-0508

Site: **www.resumao.com.br** E-mail: **contato@resumao.com.br**

Distribuição e vendas: Bafisa, tel.: 0 (xx) 11 3675-0508
Impressão: Eskenazi Indústria Gráfica Ltda.

Reprodução proibida
É expressamente proibida a reprodução total ou parcial do conteúdo desta publicação sem a prévia autorização do editor.

ISBN 978-857711004-9
9 788577 110049